纯粹手绘

景观技法
（实用教程篇）
HAND DRAWING TECHNIQUES

纯粹教育 编著

图书在版编目（CIP）数据

纯粹手绘景观技法（实用教程篇）/纯粹教育编著. —
北京：中国建筑工业出版社，2017.3
  ISBN 978-7-112-20351-2

  Ⅰ.①纯…   Ⅱ.①纯…   Ⅲ.①景观设计 — 绘画技法
Ⅳ.①TU986.2

  中国版本图书馆CIP数据核字（2013）第012650号

责任编辑：王砾瑶 戚琳琳 范业庶
责任校对：焦 乐 关 健

纯粹手绘景观技法（实用教程篇）
纯粹教育 编著
        *
中国建筑工业出版社出版、发行（北京海淀三里河路9号）
各地新华书店、建筑书店经销
北京京点图文设计有限公司制版
北京缤索印刷有限公司印刷
        *
开本：787×1092毫米 1/12 印张：11⅔ 字数：138千字
2017年5月第一版 2017年5月第一次印刷
定价：**99.00**元
ISBN 978-7-112-20351-2
        （29679）

前言 Foreword

　　继《纯粹手绘景观快速表现》一书出版之后，为了让读者能更全面、深入地学习景观设计手绘，这两年来认真准备了一本姐妹篇《纯粹手绘景观技法（实用教程篇）》，以让读者学得更好、少走弯路，在此先给读者普及一些有关手绘的知识点。

　　一、线条练习的意义：

　　线条在实际设计创作中所彰显出来的，是你意识（想法）的一种投射，对线条的长短、曲直、轻重的把握无疑也是一项梳理思绪的练习。也许你会认为，线条要画直是多年积累的经验，这是因为还没有学习到正确的练习方法而已。灵思在哪里浮现，线条就在哪里跟随，不离不弃。它不专属于某种定义与概念，它只属于你，那无边的情怀。

　　二、景观单体练习的奥义：

　　线条的练习之后进入到单体的练习，也许你会有一种误解，认为景观单体练习要背很多造型很难记住。这只是方法的问题而已。练习单体是感受大自然的开始，当你对事物有所感受时才会有灵感，更会有创作与设计的涌动与热情。这更是练习单体的奥义，它区别于死记硬背，强调内在的感知而做到活用。所以，古之贤者都强调咏物。而造园者大多有咏梅、咏石、咏竹、咏松，故而成就独具一格、源远流长的东方园林艺术。逐观其后，《形式美学》无不源于对自然美的提炼，山河大地之美、鬼斧神工，是我们学习的对象，所以修学之道贵在其根。

　　三、景观单组合练习的意义：

　　单体练习之后，你是否有想尝试去创造诸如《小桥流水》之意境的涌动？这一步需要学习小景组合的构图。构图没有固定的格式，因为每一次的设计都会不一样，所以你要学习的是如何可以让自己能无限发挥的构图技术，而不是被格式固化了你的思维。

　　四、空间练习的意义：

　　当你有了很多美好的想法，你要做实际的项目了。你会热衷于学习很多相关知识来彰显你的设计构想，你会先画好平面图，然后依平面图设计你的空间意境，这时你要面临的问题是，不能临摹了，这是你的原创。应该怎么样选站点、视高以及视角，怎么处理前中后景，主题怎么体现才会更完美地表现你的设计意图，这真的是十分有趣的艺术，其中的体会也许你会醉了很多次。

　　五、色彩

　　色彩是诗意的表达，当你创造了诸如《人约黄昏后》、《秋随黎明的梦》、《瑶池的后花园》这样的意境时，你会爱上马克笔的。

目录

1 单体组合画法及步骤 /005

2 单体色彩画法及步骤 /039

3 组合色彩画法及步骤 /067

4 作品欣赏 /125

1 单体组合

画法及步骤

要点提示：线条要画出弹性 注意叶片的穿插关系

要点提示：竹节要有高低变化才能表现出圆柱的立体感

要点提示：竹节要有高低变化才能表现出圆柱的立体感

要点提示：叶子运笔要流畅　交接处要顿笔

要点提示：枝干多点顿笔　画出凹凸的树皮肌理

纯粹手绘
景观技法（实用教程篇）

要点提示：先练好前后左右的转折翻侧　再组合起来

要点提示：线条要交代好叶子的形态　不能乱画

纯粹手绘
景观技法（实用教程篇）

要点提示：树干用慢线　加轻重变化的顿笔

要点提示：层次要自然　外面的叶子可以用轻线

纯粹手绘
景观技法（实用教程篇）

要点提示：树干皮较厚用慢线好表现　树枝稍快一些画出力度

要点提示：按步骤练习　画时注意分好叶片的方向

要点提示：姿态要丰富些　处理好前后和疏密关系

要点提示：下笔要轻　注意体量感

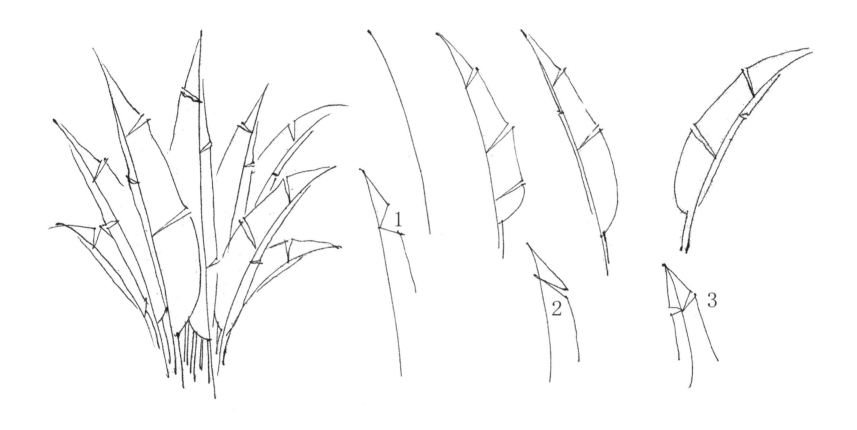

要点提示：1 开口不要太大　2 开口不要向下　3 开口不要对称

要点提示：从中间画起　交接处适当顿笔

要点提示：外轮廓的叶子要交代叶形和姿态　中间的叶子要分好层次

要点提示：下笔时线条要有轻重的变化　叶脉的线条不能用直线

要点提示：按步骤画　第一步骤时线要断开　画叶子时交代疏密

要点提示：注意叶子的姿态层次　运笔要轻

纯粹手绘
景观技法（实用教程篇）

要点提示：运笔要轻才能挑出叶子的形态　背光面可适当压重

要点提示：按步骤画　两边的叶子姿态要丰富些　先单独练好前中后的叶片再组合起来
　　　　　　1 叶脉线不宜太直
　　　　　　2 小叶片的线条不要平均

纯粹手绘
景观技法（实用教程篇）

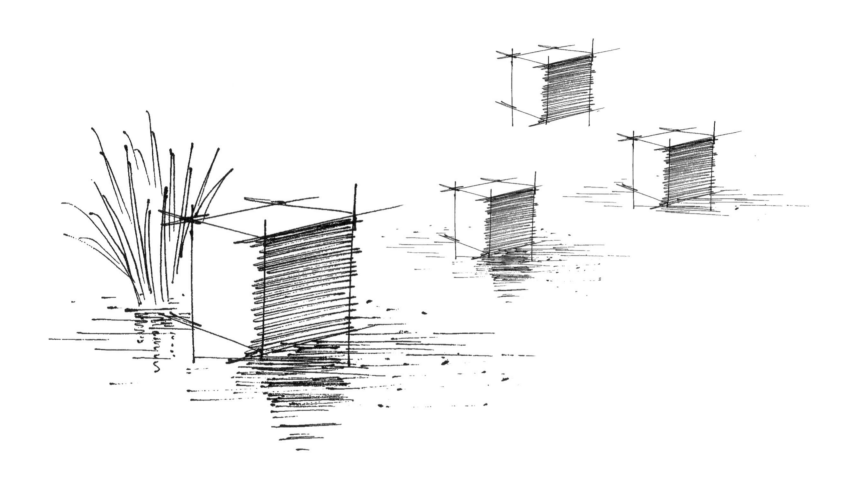

要点提示：水平方向用笔　交代出镜面　线条不宜过长　倒影要适当留白　植物的倒影用轻的曲线

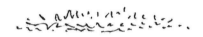

要点提示：水花下笔要轻　不必记具体的形态　水纹线轻轻地连接起来画出水的镜面　离流水近的地方水纹线相对较密

纯粹手绘
景观技法（实用教程篇）

要点提示：下笔分轻重　交代出转折面的圆滑或转折明显的转折面，如果角比较明显，可适当地加重线条且会更好地表现出立体感　底部压重一些地方交代出石头的重量感

1 尽量不用水平线、垂直线否则难画出立体感

2 线条尽量不集中在一点

3 线条不要过于相同

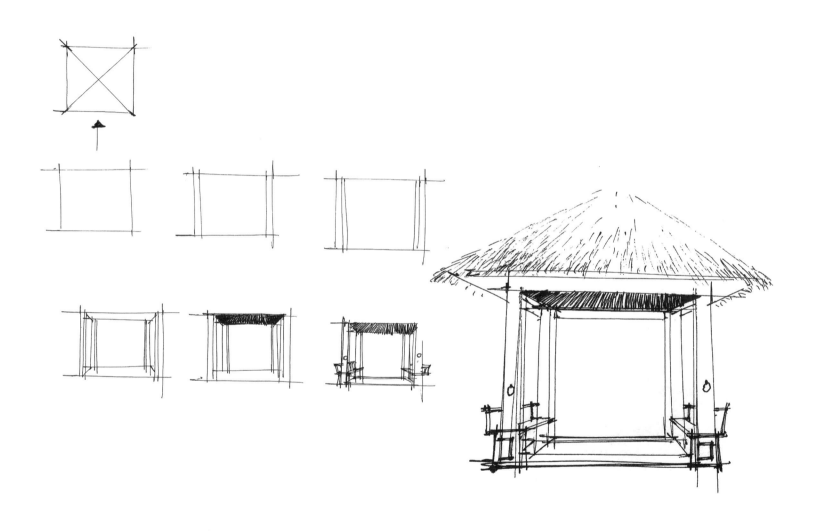

要点提示：按步骤画　把基本框架画好后　亭子的形式可依据设计的需要来改动

纯粹手绘
景观技法（实用教程篇）

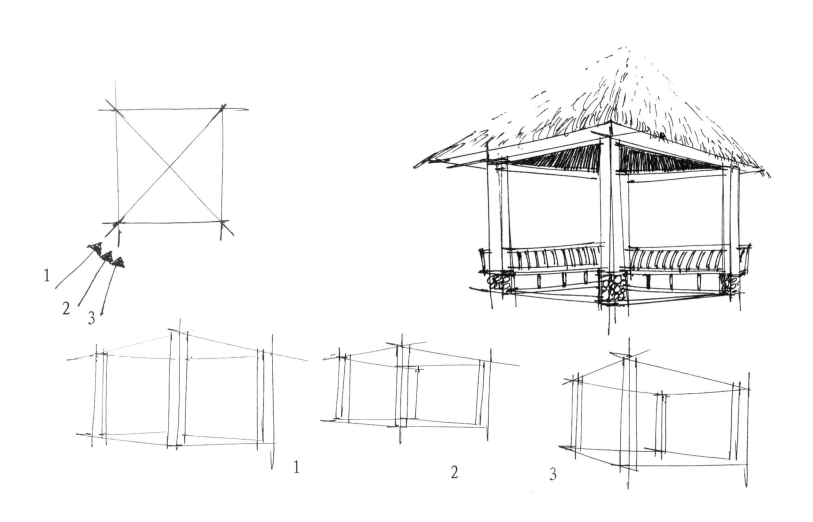

要点提示：1 角度前面的柱子会挡住后面的柱子
　　　　　2 角度看到后面的柱子
　　　　　3 右边和后面的柱子会看到更多

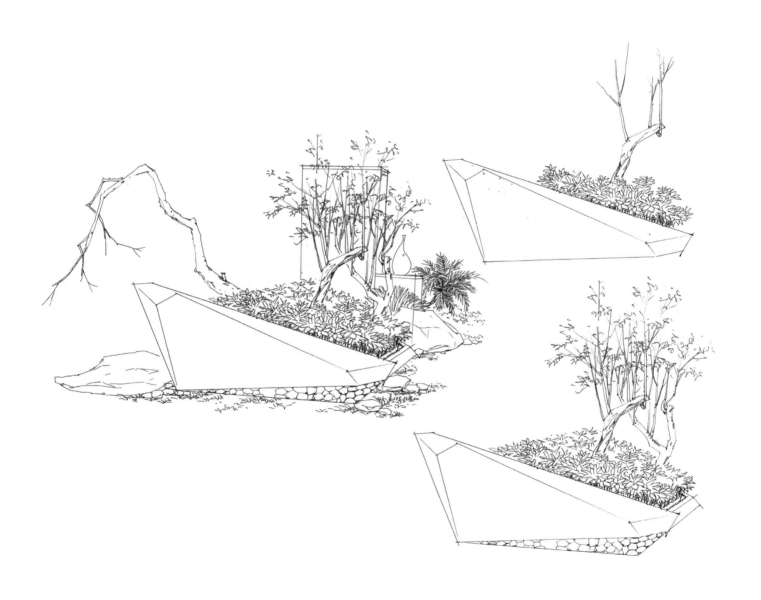

2 单体
色彩
画法及步骤

工具
介绍

马克笔　彩铅

马克笔
笔法讲解

1 平涂

2 大小笔变化

3 细笔排线

4 轻重变化

5 渲染

6 快笔触

7 慢笔触

8 笔触叠加

笔触
讲解

彩色铅笔

1 平铺

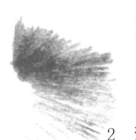

2 渐变

3 排线

要点提示：1 中速运笔渲染出轻重的变化　2 受光面偏黄用深色压重暗面　3 背景的叶子适当交代出叶形

纯粹手绘
景观技法（实用教程篇）

要点提示： 1 先画明暗交界线的色彩　背景用渲染的笔触　2 受光面偏黄色绿色　暗面加深时加适当蓝色　3 整体画完后，用白色彩色
铅笔排线再磨出光感

要点提示：1 用渲染的笔触画出植物的底色　2 用同样的笔触交代出明暗关系　3 等色彩干一些后，再刻画细节

要点提示：1 排线渲染画出背景　2 叶子用慢笔分层次　3 后面叶子色彩偏灰

要点提示：1 快笔触扫基本色调　2 慢笔触加深背光面　3 受光面加黄色调子

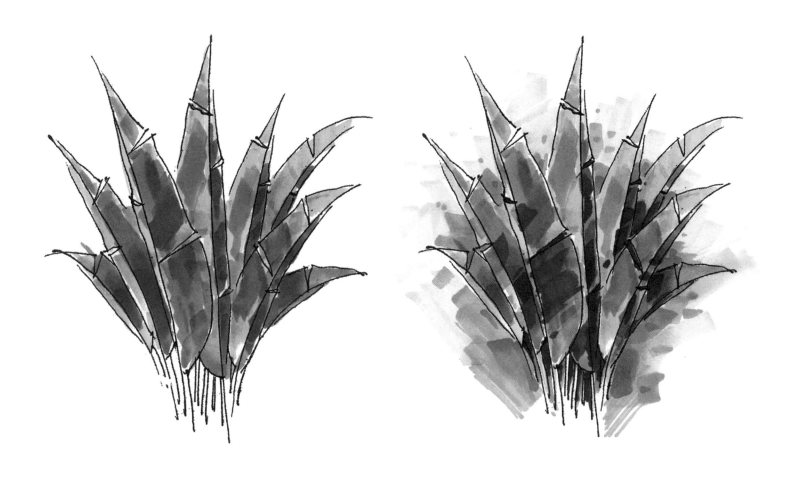

要点提示： 1 慢笔触画出深浅层次　2 渲染受光面和背光面　3 稍干一会儿再快笔刻画

要点提示: 1 快笔触挑出叶子的形态 2 加深背光面草地分层次 3 点花时注意疏密和深浅

要点提示：1 受光面快笔背光面慢笔　2 慢笔强调背光面和草地　3 修正液点出花形再上色

要点提示：1 渲染的笔触交代基本色调　2 慢笔触画受光面和背光面　3 干后用橡皮和白彩铅画光

纯粹手绘
景观技法（实用教程篇）

要点提示： 1 快笔触画石头　2 渲染植物背景　3 结合彩铅画光

要点提示：1 快笔触画草地和背景调子　2 细笔触画出叶子的层次　3 受光部分适当加黄色调子

要点提示：1 慢笔触画石头草本 2 渲染的笔触画背景 3 快笔触画柳叶层次

要点提示：1 渲染的笔触画草本和背景　2 快笔触画石头紫叶子和草　3 渲染的笔触刻画背景光感

纯粹手绘
景观技法（实用教程篇）

要点提示：1 快笔画固有色　2 刻画体量关系　3 渲染笔触画背景

要点提示: 1 慢笔触画固有色交代层次的变化　2 加深背光面交待后面叶子的姿态　3 渲染笔触加快笔画受光面的叶子

纯粹手绘
景观技法（实用教程篇）

要点提示：1 快笔触画背景　2 石头树叶快笔　3 细笔挑出松叶

要点提示：1 渲染笔触画背景 慢笔触画植物　2 慢笔画叶子树干　3 渲染的笔触交代下背景

要点提示：1 快笔画叶　2 渲染背景　3 慢笔点花

要点提示： 1 慢笔画基本调子　2 重色挑叶子形态　3 先背景再画亮面

要点提示：1 渲染笔触画背景 慢笔触画植物 2 快笔触加深层次 3 结合彩色铅笔刻画叶子

要点提示：1 快笔触画草地和背景调子　2 细笔触画出叶子的层次　3 受光部分适当加黄色调子

纯粹手绘
景观技法（实用教程篇）

要点提示： 1 慢笔触画石头草本　2 渲染的笔触画背景　3 快笔触画柳叶层次

要点提示：1 慢笔刻画石头立体感　2 快笔刻画植物层次感　3 画水注意留白和倒影

要点提示：1 排线留镜面　2 快笔画植物　3 渲染画天空

3 组合色彩

画法及步骤

色彩
艺术

美　是六根有所安住的一个空性妙用的过程

快笔触界定出石头的面

先慢后快画出层次

渲染出层次

纯粹手绘
景观技法（实用教程篇）

渲染出浅的底色
在色彩没干的时候加层次
笔触要交代叶子的形态

先渲染蓝色背景再画树叶

快笔触画水
要画出层次

先慢后快的笔触画木
注意干湿变化
交代层次

纯粹手绘
景观技法（实用教程篇）

高光笔画水边线

彩铅勾小鱼

闲停半角　一道烟光　潺潺清溪净心房

白彩铅
木倒影

下笔之处
波光粼粼

纯粹手绘
景观技法（实用教程篇）

笔快挑花草
色重分石头
此处无技法
闲笔乐悠悠

纯粹手绘
景观技法（实用教程篇）

下笔无先后
心中有色彩
冷暖分层次
又见白云开

轻揉染叶色相溶
白笔生花亦随风
境由心转抛技法
也是人间一场梦

纯粹手绘
景观技法（实用教程篇）

石光面　笔快轻　晴扫金光　迎得花容影
青青叶　待传神　疏密变化　舞姿不断新

慢笔画石暂作低
植物远近分疏密
效果应随步骤走
此处技法先练习

纯粹手绘
景观技法（实用教程篇）

快笔分层切石面
沙粒质感用彩铅
植物明暗要交代
叶子过度随笔点

纯粹手绘
景观技法（实用教程篇）

昨夜仙人来浇水　篱园春色在人间

纯粹手绘
景观技法（实用教程篇）

先湿后干铺底色
快笔加重层次开
冷暖变化心有数
轮廓明显硬石材

快笔叠加画木材
从浅到深有交代
彩铅渲染跟其后
勾刻纹理会惊呆

慢笔加重画竹子
背景分层有姿态
此处技法须大胆
浅蓝倾泻气氛来

湿画树干色叠加
轻染淡绿起青苔
细笔飞叶添白点
半沾紫粉为谁开

快笔画石分层次
慢笔染色花留白

纯粹手绘
景观技法（实用教程篇）

快笔来回渲背景
细画草木有重轻

先铺底色后挑叶
竹子姿态须勾勒
石头半干加过度
快出效果不停歇

纯粹手绘
景观技法（实用教程篇）

多情翠竹随风摆
无言醉石伏花荫
燕子不知几时回
逢春草木怕凋零

天涯有芳草

此处雁归来

湿涂渲染有轻重
若得晨光须留白
植物由浅加深画
主次远近添色彩

纯粹手绘
景观技法（实用教程篇）

背景天空大胆画
渲染云层慢笔拉
植物此处湿画法
新燕没来雨刚落

纯粹手绘
景观技法（实用教程篇）

主景植物多色彩
远近层次要分开
白铅树下传光映
高光笔点小花艾

纯粹手绘
景观技法（实用教程篇）

左右排笔色分明
镜面自然水质清
岸边重色勾白笔
青青野草波光粼

纯粹手绘
景观技法（实用教程篇）

纯粹手绘
景观技法（实用教程篇）

老石湿画法

色干挑笔触

白笔添花瓣

彩铅勾小鱼

纯粹手绘
景观技法（实用教程篇）

湿涂天空轻留白
慢渲水面倒影歪
白笔缓缓波光画
青青溪动无尘埃

慢染树干画青苔
湿挑细笔红叶开
人间此刻有仙景
只需入境作培栽

纯粹手绘
景观技法（实用教程篇）

水清鱼自在
花香鸟飞翔
仙女下凡尘
触景思故乡

纯粹手绘
景观技法（实用教程篇）

纯粹手绘
景观技法（实用教程篇）

快笔重叠干画法
若雕石纹彩铅加
油灯冷暖色相溶
材质受光要观察

4 作品欣赏

吴林东　东莞集美景观体验区

吴林东 东莞集美景观体验区

吴林东　迪亚山庄别墅设计（广州增城小楼镇）

吴林东　雅居私家庭院设计

吴林东　广州康大职业技术学院校园改造设计

吴林东　惠东龙湖湾别墅设计

纯粹手绘
景观技法（实用教程篇）

吴林东　惠东龙湖湾别墅设计

吴林东　惠东龙湖湾别墅设计

吴林东　惠东龙湖湾别墅设计

吴林东　平海公园设计（惠州惠东平海镇）

吴林东　平海公园设计（惠州惠东平海镇）

吴林东　惠东龙湖湾别墅设计

吴林东　广宁县集美山庄方案